Dr. WL Abbott auf den Natuna- Inseln gesammelte Säugetiere ; Proceedings of the Washington Academy of Sciences, Bd. III, S. 111-138

Gerrit S. Miller

Writat

Diese Ausgabe erschien im Jahr 2023

ISBN: 9789359257358

Herausgegeben von
Writat
E-Mail: info@writat.com

VON DR. GESAMMELTE SÄUGETIERE WL ABBOTT AUF DEN NATUNA-INSELN.

VON GERRIT S. MILLER, JR.

Etwa drei Monate im Frühjahr und Sommer 1900 verbrachte Dr. WL Abbott damit, die Natuna- Inseln im Südchinesischen Meer zu erkunden. [1] Proben wurden an folgenden Orten gesammelt: Pulo Midei oder Low Island (23.-26. Mai), Pulo Seraia (29. Mai), Sirhassen Island (1.-10. Juni), Pulo Subi (12.-13. Juni), Pulo Lingung (17.–19. Juni), Bunguran oder Great Natuna Island (24. Juni–31. Juli) und Pulo Laut oder Nord- Natuna- Insel (5.-13. August). Es wurden etwa 265 Säugetiere gewonnen, die alle dem United States National Museum präsentiert wurden. Dieses Papier enthält einen Bericht darüber und wird hier mit Genehmigung des Sekretärs der Smithsonian Institution veröffentlicht.

Vor Dr. Abbotts Besuch waren auf den Natuna-Inseln zwei umfangreiche Säugetiersammlungen angelegt worden, die erste von Herrn A. Everett im September und Oktober 1893, die zweite von Herrn Ernest Hose im Juli, August, September und Oktober . 1894. Diese bildeten ganz oder teilweise die Grundlage für mehrere Arbeiten [2], die die Literatur über die Säugetiere der Inseln bilden. [3] Es wurden 28 Landsäugetiere nachgewiesen, die tatsächlich in Exemplaren vertreten sind, es werden jedoch auch mehrere andere erwähnt, deren Vorkommen die Sammler festgestellt haben. Dr. Abbott sicherte sich vierundvierzig Arten, schaffte es jedoch nicht, sieben [4] der zuvor entnommenen Arten zu erhalten. Die Gesamtzahl der auf den Inseln gesammelten Säugetiere beträgt somit einundfünfzig. Diese Zunahme ist zum Teil darauf zurückzuführen, dass eine größere Anzahl von Inselformen erkannt wurde, als von früheren Autoren zugegeben wurde, aber auch zu einem beträchtlichen Teil auf die tatsächliche Hinzufügung bisher nicht erfasster Arten. Im letztgenannten Sinne neue Arten werden in der vorliegenden Arbeit dadurch unterschieden, dass sie nicht auf frühere Aufzeichnungen verweisen.

Im Hinblick auf die Fauna-Verwandtschaftsbeziehungen der Natunas , ob vorwiegend auf Borneo oder auf der Halbinsel, über die viel geschrieben wurde [5] kann man sagen, dass diese Sammlung, zusammen mit vielen anderen Arbeiten, die kürzlich von Dr. Abbott durchgeführt wurden, dazu tendiert zeigen, dass es in der Säugetierfauna von Borneo, der Malaiischen Halbinsel und den dazwischen liegenden Inseln eine größere allgemeine Einheitlichkeit gibt, als bisher angenommen wurde. Es scheint daher unnütz,

Vermutungen über die Wahrscheinlichkeit einer größeren Nähe der Natuna-Säugetiere als Ganzes zu denen von Borneo oder denen der malaiischen Halbinsel anzustellen.

MANIS JAVANICA Desmarest .

1895. *Manis javanica* THOMAS und HARTERT , Novitate Zoologicæ , II , p. 492. Dezember 1895 (Bunguran).

Bunguran gefangen . Gesamtlänge 914; Kopf und Körper 508; Schwanz 406.

TRAGULUS BUNGURANENSIS sp. Nov.

Typ. — Erwachsener Mann (Haut und Schädel) Nr. 104604, US-Nationalmuseum. Gesammelt auf Bunguran Island, North Natunas , 9. Juli 1900. Originalnummer 547.

Figuren. — Farbmuster im Wesentlichen wie bei *Tragulus nigricans* Thomas aus Balabac . Die Größe entspricht der von *T. canescens* von der Malaiischen Halbinsel, daher viel größer als beim Balabac- Tier.

Farbe. — Der Rücken ist gleichmäßig ockerfarben, an den Seiten verblasst bis gelbbraun, die Haare sind an der Basis überall grau. Sowohl der Rücken als auch die Seiten sind überall durch schwarze Haarspitzen verdunkelt, diese reichen jedoch nie aus, um eine dunkle Schattierung zu erzeugen, die über das Ochraceous hinausgeht. Das relative Verhältnis der dunklen Lasur zur hellen Unterfarbe ist genau das gleiche wie bei *Tragulus canescens* und *T. napu* (von der Insel Linga), aber das Schwarz ist weniger auffällig als bei der Borneo-Form von *T. napu* . Beine, mit Ausnahme des weißen Bereichs auf der Innenseite, wie der Rücken, jedoch etwas heller und weniger schwarz schattiert. Die gesamte Rücken- und Seitenfläche des Halses ist bis zum Haaransatz klar schwarz, bei näherer Betrachtung sind einige ockerfarbene Flecken sichtbar, insbesondere an den Seiten in der Nähe der Halsmarkierungen. Auf den Schultern geht dieser schwarze Bereich abrupt in die Farbe des Rückens über; Am Kopf verläuft es zwischen Ohren und Augen fast bis zur Schnauze. Wange, Bereich zwischen Auge und Ohr und Linie, die sich nach vorne über das Auge bis zur Schnauze erstreckt und den schwarzen Mittelstreifen vom nackten Mundraum trennt, ockerfarben, im Wesentlichen wie die der Beine. Halszeichnung wie bei *Tragulus nigricans* , aber weiße Streifen offenbar noch eingeschränkter. Der Bereich ist mit schwarzen weißen Streifen auf der Rückseite besetzt, die mit denen des Halses zusammenhängen, aber deutlich mit Ochraceous gesprenkelt sind. Der Bereich ist mit ockerfarbenen Vorderstreifen besetzt, die mit denen der Wangen zusammenhängen und etwas weniger rein und stärker schwarz gesprenkelt sind. Weiße Streifen wie folgt: (*a*) Einer auf jeder Seite des nackten Kinnbereichs. Diese betragen ca. 50 mm. lang und niemals länger als 10 mm. in der Breite, aber gelegentlich so schmal, dass es in zwei oder mehr Flecken zerfällt. Sie sind vom nackten Kinnfleck durch einen ockerfarbenen Streifen getrennt, der etwas breiter als das Weiße ist. Kinnbereich schmal und diskontinuierlich weiß umrandet, besonders vorne. (*b*) Zwei hintere Seitenstreifen mit einer Länge von 50 mm. bis 80 mm. lang und niemals länger als 12 mm. breit. Sie konvergieren vorne stark und sind manchmal vorne durch einen Mittelfleck fast miteinander verbunden. Diese weißen Streifen sind immer durch einen ockerfarbenen Mittelbereich von 10 mm von den vorderen Streifen getrennt. bis 25 mm. in der Breite. (*c*) Ein Mittelstreifen, der zwischen den hinteren Seitenstreifen liegt. Hinten ist dieser Streifen so breit wie die Seitenstreifen, wird aber schnell schmaler und verschwindet manchmal in der Mitte der letzteren, obwohl er normalerweise wieder durch den bereits erwähnten Mittelfleck dargestellt wird. Bei keinem der Exemplare ist dieser Streifen breit und von vorne bis zur Höhe der Vorderseite der Seitenstreifen durchgehend, wie in Nehrings Abbildung der Halszeichnung von *T. nigricans* . [6] Kragen schmal, ockerfarben, schwarz ergraut. Selten beträgt sie mehr als 25 mm. in der Breite; daher viel schmaler als durch Nehrings Abbildung angegeben. Hinter dem Kragen befindet sich ein weißlich-grauer Mittelbereich, der seitlich durchgehend ist und einen schmalen hellen Streifen entlang der Innenseite der Vorderbeine aufweist. Dieser helle Bereich wird manchmal durch eine dunkle Mittellinie geteilt, die den Kragen mit dem Bauchwulst verbindet. Bauch- und Brustbuff, im Wesentlichen wie die Seiten, zu denen es keinen farblichen Kontrast bildet. Wie an den Seiten ist der Buff durch schwarze Haarspitzen getrübt, aber an der Basis sind die Haare kaum oder gar nicht grau. Auf der Brust neigen die dunklen Haarspitzen dazu, einen Mittelstreifen zu bilden, der manchmal scharf abgegrenzt ist und sich mit der ockerfarbenen Linie fortsetzt, die gelegentlich das Weiß der Brust teilt. Ein klarer weißlicher Bereich, der etwas größer und besser definiert ist als der der Brust, befindet sich im Bereich zwischen den Hinterbeinen. Es ist durchgehend mit einem weißen Streifen entlang der Innenseite der Hinterbeine. Dieser Streifen wird normalerweise am Oberschenkel durch Eingriff in die umgebende Ochracea geteilt. Der Schwanz ist unten und an der Spitze seidenweiß, im Wesentlichen wie der Rücken oben.

Schädel. — Der Schädel von *Tragulus bunguranensis* entspricht in der Größe völlig der von *T. canescens* und übertrifft die der Borneo-Form von *T. napu* *deutlich* . Es ist viel größer als das von *T. nigricans* , das sich als mittelgroße Art wie *T. rufulus erweist* . Im Allgemeinen stimmt der Schädel sehr gut mit dem von *Tragulus überein canescens , dass es sich nur durch seine etwas größere relative Breite und sein kleineres, weniger aufgeblasenes* Auditorium auszeichnet bullæ . Im Vergleich zum Schädel von *Tragulus nigricans* [7] ist   HYPERLINK "https://gutenberg.org/files/44705/44705-h/44705-h.htm"   \l

"Footnote_7_7" der von *T. bunguranensis* viel größer (Abstand von der Rückseite des Hinterkopfes bis zur Vorderseite des Eckzahns 103 statt 92, Jochbeinbreite 53 statt 45) und die Gehirnschale ist auffälliger geriffelt zur muskulären Befestigung. Der Teil der Hirnschale unmittelbar über der hinteren Jochbeinwurzel ist deutlicher aufgebläht. Ansonsten kann ich keine auffälligen Unterschiede in den Schädeln der beiden Tiere feststellen.

Zähne. — Die Zähne sind einheitlich größer als die von *Tragulus nigricans* , weisen aber in ihrer Form keine wichtigen Merkmale auf. Im Vergleich zu *T. canescens* sind die Prämolaren sowohl oben als auch unten auffallend robuster, ein Merkmal, in dem das Bunguran- Tier mit der Borneo-Form von *Tragulus napu übereinstimmt* .

Messungen. — Außenmaße des Typs: Gesamtlänge 647; Kopf und Körper 571; Schwanzwirbel 76 ; Hinterfuß 146; Hinterfuß ohne Hufe 128. Durchschnitt und Extreme von fünf Erwachsenen aus der Typuslokalität: Gesamtlänge 643 (628-673); Kopf und Körper 566 (558-584); Schwanzwirbel 77 (70-89) ; Hinterfuß 142 (140-146); Hinterfuß ohne Hufe 126 (124-128).

Schädelmaße des Typs: größte Länge 114; Grundlänge 107; Basilarlänge 100; Hinterhaupts -Nasenlänge 106; Länge der Nasenflügel 32; Diastema 13 (9); [8] Jochbeinbreite 52 (46); kleinste interorbitale Breite 33 (28); größte Breite der Hirnschale über der Basis der Jochbeine 38 (33); Unterkiefer 91 (78); Oberkieferzahn (Alveolen) 38 (34); Unterkieferzahn (Alveolen) 44 (39); vorderer oberer Prämolar 7 × 3,8 (6,4 × 3); mittlerer unterer Prämolar 7,2 × 3 (5,8 × 2,4).

Gewicht. — Gewicht des Typs 3,8 kg.; von zwei weiteren Rüden 3,6 kg. jede. Zwei erwachsene Weibchen wiegen jeweils 3,6 kg. und 4,2 kg.

Exemplare untersucht. — Sechs, alle aus der Typlokalität.

Bemerkungen. – *Tragulus bunguranensis* unterscheidet sich so sehr von den anderen bekannten Arten, dass keine detaillierten Vergleiche erforderlich sind.

TRAGULUS sp.

Zwei Exemplare von der Insel Sirhassen sind zu unreif für eine Bestimmung. Offenbar handelt es sich um ein Mitglied der *Napu-* Gruppe, die mit der in Borneo vorkommenden Gruppe verwandt ist. Die Halszeichnungen weisen keine Annäherung an die von *Tragulus auf bunguranensis* .

TRAGULUS JAVANICUS (Gmelin).

1894. *Tragulus javanicus* THOMAS und HARTERT , Novitate Zoologicæ , I , p. 660. September 1864 (Bunguran).

1895. *Tragulus javanicus* THOMAS und HARTERT , Novitate Zoologicæ , II , p. 492. Dezember 1895 (Teil, Exemplare aus Bunguran).

Sechs Exemplare aus Bunguran .

TRAGULUS PALLIDUS sp. Nov.

1895. *Tragulus javanicus* THOMAS und HARTERT , Novitate Zoologicæ , II , p. 492. Dezember 1895 (Teil, Exemplar aus Pulo Laut).

Typ. — Erwachsene Frau (Haut und Schädel) Nr. 104616 US National Museum. Gesammelt auf Pulo Laut , Nord- Natuna- Inseln, 11. August 1900. Originalnummer 625.

Figuren. — Kleiner als *Tragulus javanicus* aus Borneo oder Bunguran und sehr blasser Farbe. Die schwarze Trübung der oberen Teile ist unauffällig, aber das dunkle Nackenband ist gut ausgeprägt.

Farbe. — Der Rücken und die Seiten sind überall leicht ockerfarben, von den schwärzlichen Haarspitzen getrübt, aber nie übermäßig, außer vielleicht in der Mitte des Rückens und über die Lendengegend. Flanken, Schultern, Hals, Außenfläche der Beine und schmale Linie, die die Farbe der Seiten von der des Bauches trennt, sind blass ockerfarben. Das Nackenband ist klar schwarz und unterscheidet sich deutlich von der Farbe der Seiten, geht aber schnell in die Farbe der Schultern über. Oberkopf matt dunkelbraun. Ein schwacher blasser Streifen über und vor dem Auge. Halszeichnung normal, die dunklen Bänder ähneln dem Hals. Kragen sehr schmal. Unterseite und Innenseite der Beine weiß. Ein schwacher gelblicher Farbton entlang der Bauchmitte. Der Schwanz ist unten und an der Spitze weiß, oben ockerfarben und leicht braun schattiert.

Schädel. — Der Schädel dieses Typs ist zwar vollständig ausgewachsen und alle Zähne deutlich abgenutzt, aber kleiner als bei Bunguran- Exemplaren, die so jung sind, dass die hinteren Backenzähne noch unter dem Rand der Alveolen liegen. In der Form weist es jedoch keine ausgeprägten Besonderheiten auf, obwohl es im Allgemeinen im Verhältnis zu seiner Länge etwas breiter zu sein scheint als das Bunguran- Tier.

Zähne. — Zähne wie bei Exemplaren von *Tragulus javanicus* von Bunguran, mit der Ausnahme, dass die Prämolaren sowohl oben als auch unten kürzer und breiter sind, ein Unterschied, der sich möglicherweise nur als individuelle Besonderheit erweist.

Messungen. — Außenmaße des Typs: Gesamtlänge 539; Kopf und Körper 444; Schwanzwirbel 95 ; Hinterfuß 107; Hinterfuß ohne Hufe 95.

Schädelmaße des Typs: Größte Länge 90 (94 [9]); Grundlänge 83 (87); Basilarlänge 78 (82); Hinterhaupts -Nasenlänge 83 (89); Länge der Nasenflügel 25 (29,6); Diastema 9,2 (9,8); Jochbeinbreite 41,4 (40); kleinste interorbitale Breite 26,4 (25); Breite der Hirnschale über den Wurzeln der Jochbeine 29,4 (28,4); Unterkiefer 72 (75); Oberkieferzahn (Alveolen) 31,6 (34); erster oberer Prämolar 6,4 × 2,8 (7 × 2,6); Unterkieferzahn (Alveolen) 35,8 (38).

Exemplare untersucht. – Erstens, der Typ.

Bemerkungen. — Dies ist eine blasse Form von *Tragulus javanicus* , eine Art, die offenbar nur eine sehr geringe Tendenz zur Differenzierung in lokale Rassen zeigt. Die Charaktere des Pulo Laut Tier wurden 1895 von Thomas und Hartert aufgezeigt .

SUS NATUNENSIS sp. Nov.

1894. *Sus* sp. THOMAS und HARTERT , Novitate Zoologicæ , I , p. 660. September 1894 (Bunguran).

1895. *Sus* sp. THOMAS und HARTERT , Novitate Zoologicæ , II , p. 492. Dezember 1895 (Bunguran).

Typ. — Erwachsenes Weibchen (Haut und Schädel) Nr. 104856, US-Nationalmuseum. Gesammelt auf Pulo Laut , Nord- Natuna- Inseln, 6. August 1900. Originalnummer 609.

Figuren. — Äußerlich ähnlich der Tenasserim-Form von *Sus cristatus* , aber kleiner; Körper bräunlich in deutlichem Kontrast zu schwarzen Beinen und Gesicht; Schädel auffallend kürzer und breiter.

Fell. — Das Fell besteht durchgehend aus Borsten ohne Beimischung weicherer Haare. Die Borsten sind überall weniger steif als beim Tenasserim-Schwein, aber der Unterschied macht sich am deutlichsten an der Mähne bemerkbar, die zwar gut entwickelt ist (ungefähr 80 mm lang), aber aus Borsten besteht, die etwas gröber sind als die der umliegenden Teile. und von nicht mehr als der Hälfte des Durchmessers der entsprechenden Haare bei Weibchen von *S. cristatus* . Schnauze, Brust, Bauch und Ohren sind nahezu nackt.

Farbe. — Allgemeine Farbe schwarz, klar und unvermischt mit Braun an Beinen, Hals und Gesicht, an anderen Stellen jedoch stark mit bräunlichem Leder überzogen, insbesondere am Rücken und an den Seiten. Die bräunliche Färbung hört unmittelbar vor den Ohren abrupt auf und hinterlässt ein klares Schwarz im Gesicht und auf den Wangen. Ein auffälliger, stumpfer Buff-Streifen von 100 mm. lang und in der Mitte etwa halb so breit, erstreckt sich vom Mundwinkel bis zur Höhe des hinteren Augenwinkels. Es ist oben durch die schwarze Farbe der Wangen und unten durch die schwarze Farbe des Kinns scharf abgegrenzt. Ein schwacher Buffy-Fleck unter dem Auge. Schwanz wie Rücken.

Schädel. — Der Schädel ist zwar viel kürzer als der von *Sus cristatus* aus Tenasserim, aber tatsächlich breiter. Infolgedessen beträgt die Breite über die Postorbitalfortsätze nur etwa das Dreifache der okzipito -nasalen Länge, im Gegensatz zu fast dem Vierfachen bei den verwandten Arten. Ebenso übersteigt die Jochbeinbreite geringfügig die Hälfte der Basilarlänge, während sie bei *Sus cristatus* weniger als die Hälfte beträgt. Breite des Gaumens zwischen den mittleren Backenzähnen, fast genau ein Sechstel Abstand vom hinteren Gaumenrand bis zur Vorderseite der Prämaxillarien (gemessen entlang der Mittellinie). Bei *Sus cristatus* ist die Gaumenbreite fast siebenmal im gleichen Abstand enthalten. Rückenprofil des Schädels nahe der Basis der Nasenflügel leicht konkav. Zygomata schwerer und tiefer als bei *Sus cristatus* . Audital bullæ deutlich kleiner und weniger aufgeblasen als beim Tenasserim-Schwein. Der Unterkiefer ist kürzer und viel robuster als der von *Sus cristatus* , die nach außen gerichtete Wölbung des Asts etwas hinter der Zahnreihe ist stark ausgeprägt.

Zähne. — Da die Zähne der beiden Exemplare von *Sus natunensis* stark abgenutzt sind, während die Zähne der einzigen vorliegenden Schädel von *Sus cristatus* noch nicht vollständig ausgewachsen sind, ist es unmöglich, genaue Vergleiche anzustellen. Die geringere Größe der Zähne des Natuna-Schweins ist jedoch offensichtlich, da die Länge der gesamten oberen Zahnreihe nicht der Länge von *S. cristatus* ohne den hinteren Backenzahn entspricht. Die Krone des mittleren oberen Backenzahns scheint im Umriss eher quadratisch zu sein als die des Tenasserim-Schweins, aber angesichts des sehr unterschiedlichen Zustands der Exemplare wäre es unsicher anzunehmen, dass dieser Charakter konstant ist.

Messungen. — Außenmaße des Typs; Gesamtlänge 1294; Kopf und Körper 1117; Schwanzwirbel 177 ; Höhe an der Schulter 558; Hinterfuß 220 (170); Ohr vom Gehörgang 100; Breite des Ohrs 75.

Schädelmaß des Typs: größte Länge 295 (332 [10]); Hinterhaupts -Nasenlänge 282 (316); Grundlänge 245 (275); Basilarlänge 235 (263); Länge der Nasenflügel 135 (157); Breite beider Nasenflügel zusammen hinten 34 (33); mittlere Länge des knöchernen Gaumens 168 (183); Breite des knöchernen Gaumens in der Mitte des zweiten Molaren 30 (29); Breite zwischen den Spitzen der Postorbitalfortsätze 87 (87); kleinste interorbitale Breite 64 (65); Jochbeinbreite 130 (133); Hinterhauptsbreite 58 (62); Hinterhaupttiefe 100 (103); Geringste Podiumstiefe zwischen Eckzahn und Schneidezahn 33 (39); Unterkiefer 225 (232); Tiefe des Unterkiefers durch den Processus coronoideus 104 (110); Tiefe des Ramus an der Vorderseite des ersten Molaren 40 (41); Oberkieferzahn bis zur Vorderseite des Eckzahns

(Alveolen) 113 (131 [11]); Unterkieferzahn bis zur Vorderseite des Eckzahns (Alveolen) 120 (138); Krone des ersten oberen Molaren 12 × 13 (18 × 16); Krone des zweiten oberen Molaren 18 × 18 (22 × 16).

Gewicht. — Gewicht des Typs: 40 kg.; Gewicht einer erwachsenen Frau aus Pulo Lingung , 35 kg.

Exemplare untersucht. – Zwei, einer aus Pulo Laut , der andere aus Pulo Lingung .

Bemerkungen. — Während die beiden Exemplare in allen wesentlichen Merkmalen übereinstimmen, unterscheiden sie sich in zahlreichen kleinen Details. Die Haut von Pulo Lingung ist etwas dunkler als der Typ, aber der Unterschied ist auf den Farbton der braunen Lasur zurückzuführen, nicht auf eine Erweiterung des Schwarz. Der Schädel dieses Exemplars ist hinten runder als der des Typs und das Podium ist kürzer. Beide Exemplare zeigen schlüssig, dass ihre Verwandtschaft mit dem *Sus cristatus* der Malaiischen Halbinsel und nicht mit dem *S. longirostris* von Borneo besteht, ein Fall, der eine genaue Parallele bei den Rieseneichhörnchen findet.

MUS INTEGER sp. Nov.

Typ. — Erwachsener Mann (Haut und Schädel) Nr. 104837 US National Museum. Gesammelt auf Sirhassen Island, South Natunas , 7. Juni 1900. Originalnummer 455.

Figuren. — Eine große, robuste Art mit grobem, aber nicht stacheligem Fell. Beziehungen zu *Mus validus* Miller aus Trong , Nieder-Siam, und *Mus mülleri* Jentink aus Sumatra. Unterscheidet sich vom ersteren durch die geringere Größe und durch das Fehlen des vorderen äußeren Tuberkels des letzten oberen Backenzahns und vom letzteren durch die größere Größe und die gelblich-braunen (nicht weißen) Unterteile.

Farbe. — Hinten und an den Seiten ein feines Graumuster aus schwarzem und mattem Ochraceous (der exakte Farbton zwischen dem Ochraceous und dem Ochraceous-Buff von Ridgway), die beiden Farben sind auf dem Rücken fast gleichmäßig gemischt, aber das Ochraceous ist an den Seiten im Übermaß vorhanden . Unterseite und Innenseite der Beine poliert. Eine schlecht definierte , eintönige Mittellinie vom Hals bis zur Schamgegend. Der Kopf ist dunkler und glänzender als der Rücken, die Wangen sind deutlich grau getönt. Lippen und Kinn eintönig-grau. Die Füße sind unbestimmt braun, an den Metapodialen dunkler. Die Ohren sind im Wesentlichen nackt, dunkelbraun. Der Schwanz ist durchgehend dunkelbraun. Unterfell grau (Ridgway, Taf. II , Nr. 8), wird an den Unterseiten blasser, wo es unregelmäßig in den allgemeinen Buff übergeht.

Fell. — Das Fell ist genau wie bei *Mus validus* , das heißt, die gefurchten Borsten sind so dünn, dass ihre wahre Natur ohne Verwendung einer Linse nicht erkennbar ist. In der Mitte des Rückens beträgt die Fellmasse etwa 17 mm. Die langen runden Haare erreichen eine Länge von etwa 30 mm. Am Hinterteil ist das Fell länger, aber nicht auffällig, und es gibt keine merkliche Zunahme der Länge oder Fülle der runden schwarzen Haare.

Schwanz, Füße und Säugetiere . — Schwanz etwas gröber beschuppt als bei *Mus validus* ; 9 Ringe auf den Zentimeter genau in der Mitte. Die Haare sind kaum sichtbar, außer zur Spitze hin, wo sie etwas über die Breite der Ringe hinausgehen.

Füße schwer und robust. Daumen kurz, mit flachem, stumpfem Nagel. Fußsohlen und Handflächen nackt, erstere mit sechs gut entwickelten Tuberkeln, letztere mit fünf.

Mammæ , S. 2-2, ich . 2—2 = 8.

Schädel. – Im allgemeinen Erscheinungsbild ähnelt der Schädel von *Mus integer* dem von *Mus validus* . [12] Es ist kürzer (größte Länge etwa 51 statt 55) und das Podium ist relativ breiter und tiefer. Audital bullæ ähneln in ihrer Form denen von *Mus validus* , aber die Oberfläche ist weniger unregelmäßig. Der Bereich zwischen den vorderen Basen der Jochbeine ist breiter als beim *Mus validus* , so dass die Bögen nahezu parallel sind.

Zähne. — Die Zähne sind relativ und tatsächlich kleiner als bei *Mus validus* und das Schmelzmuster ist normal, das heißt, der hintere obere Molar besteht aus zwei Querfalten und einem vorderen inneren Tuberkel. Von den zusätzlichen äußeren Tuberkeln des entsprechenden *Mus validus- Zahns ist keine Spur mehr vorhanden* .

Messungen. —Außenmaße des Typs: Gesamtlänge 463; Kopf und Körper 235 [[13] Schwanzwirbel 228; [13] Hinterfuß 48 (45); Ohr vom Gehörgang 19; Ohr von Krone 15; Breite des Ohrs 15. Beim erwachsenen männlichen Topotyp: Gesamtlänge 462; Kopf und Körper 234; [13] Schwanzwirbel 228 ; [13] Hinterfuß 46 (44); Ohr vom Gehörgang 21; Ohr von Krone 16; Breite des Ohrs 16.

Schädelmaße des Typs: größte Länge 52 (55); [14] Basallänge 45 (48,6); Basilarlänge 41,6 (45,6); Gaumenlänge 23 (26); geringste Gaumenbreite zwischen den vorderen Backenzähnen 5 (5); Diastema 14 (14,6); [15] Länge des Foramen incisiva 8 (9); Gesamtbreite der Foramina incisiva 3 (3,6); Länge der Nasenflügel 21 (22,6); Gesamtbreite der Nasenflügel 6 (6,2); Jochbeinbreite 25 (28); interorbitale Breite 8 (8); Mastoidbreite 19 (19); Breite der Hirnschale über den Wurzeln der Jochbeine 18,8 (20); Tiefe der

Gehirnschale am vorderen Rand des Basi -Occipitals 12,8 (15); frontopalatale Tiefe am hinteren Ende der Nasenflügel 12,8 (13,4); geringste Tiefe des Rostrums unmittelbar hinter den Schneidezähnen 10 (10); Oberkieferzahn (Alveolen) 9,6 (11); Breite des vorderen oberen Backenzahns 3 (3); Unterkiefer 30 (31); Unterkieferzahn (Alveolen) 9 (10).

Exemplare untersucht. – Vier, drei aus der Typuslokalität und einer aus Pulo Lingung .

Bemerkungen. — Diese Ratte ist wahrscheinlich ein naher Verwandter der Borneo- *Mus mülleri* von Thomas. [16] Das Exemplar aus Pulo Lingung unterscheidet sich nicht nennenswert von den anderen.

MUS SABANUS Thomas.

1887. *Mus sabanus* THOMAS , Ann. und Mag. Nat. Hist., 5. Folge, XX , S. 270. Oktober 1887 (Mt. Kina Balu , Borneo).

1894. *Mus sabanus* THOMAS und HARTERT , Novitate Zoologicæ , I , p. 658. September 1894 (Bunguran).

Dreizehn Skins und ein zusätzlicher Schädel, alle von Bunguran . Es besteht kaum eine Wahrscheinlichkeit, dass diese Ratte mit dem echten *Mus sabanus von Borneo* identisch ist .

MUS RAJAH Thomas.

1894. *Mus hellwaldi* THOMAS und HARTERT , Novitate Zoologicæ , I , p. 658. September 1894 (Bunguran).

1894. *Mus Rajah* THOMAS , Ann. und Mag. Nat. Hist., 6. Folge, XIV , S. 451. Dezember 1894 (Mount Batu Song, Borneo).

1895. *Mus Rajah* THOMAS , Novitate Zoologicæ , II , p. 26. Februar 1895 (Überarbeitete Bestimmung von Bunguran- Exemplaren).

Sechs Exemplare (eines in Alkohol) aus Bunguran , zwei aus Pulo Lingung , einer aus Pulo Laut , vier (einer in Alkohol) aus Sirhassen und einer (in Alkohol) aus Pulo Midei . Es ist zweifelhaft, ob sich diese Serien auf eine einzige Art beziehen lassen oder ob es sich bei einer von ihnen um den echten *Mus Rajah aus Borna handelt* . Das Material ist nicht ganz zufriedenstellend und ich war nicht in der Lage, Exemplare aus Borneo zu untersuchen.

MUS NEGLECTUS Jentink.

1894. *Mus rattus* var. THOMAS und HARTERT , Novitate Zoologicæ , I , p. 658. September 1894 (Bunguran).

1895. *Mus vernachlässigen* THOMAS und HARTERT , Novitate Zoologicæ , II ,
   p. 492. Dezember 1895 (Bunguran).

Fünf Exemplare aus Pulo Lingung , einer aus Pulo Midei und neun von
Sirhassen . In Ermangelung von Material aus Borna folge ich Thomas und
Hartert und beziehe die Natuna- Ratten vom Typ „ *Alexandrinus* " auf *Mus
Neglectus* .

SCIUROPTERUS EVERETTI Thomas.

1894. *Sciuropterus phayrei* THOMAS und HARTERT , Novitate Zoologicæ , I , p.
   660. September 1894 (Bunguran).

1895. *Sciuropterus Everetti* THOMAS , Novitate Zoologicæ , II , p. 27. Februar
   1895 (Überarbeitete Bestimmung von Bunguran- Exemplaren).

1895. *Sciuropterus Everetti* THOMAS und HARTERT , Novitate Zoologicæ , II ,
   p. 490. Dezember 1895 (Bunguran).

Zwei Exemplare, beide aus Bunguran ; ein unreifes Männchen,
aufgenommen am 4. Juli, und ein erwachsenes Weibchen, aufgenommen am
21. Juli 1900.

PETAURISTA NITIDULA Thomas.

1894. *Pteromys nitidus* THOMAS und HARTERT , Novitate Zoologicæ , I , p.
   660. September 1894 (Bunguran).

1895. *Pteromys nitidus* THOMAS und HARTERT , Novitate Zoologicæ , II , p.
   490. Dezember 1895 (Bunguran).

1900. *Petaurista Nitidula* THOMAS , Novitate Zoologicæ , VII , p. 592. 8.
   Dezember 1900 (Bunguran).

Sieben Exemplare aus Bunguran .

SCIURUS PROCERUS sp. Nov.

1894. *Sciurus tenuis* THOMAS und HARTERT , Novitate Zoologicæ , I , p. 659.
   September 1894 (Bunguran).

1895. *Sciurus tenuis* THOMAS und HARTERT , Novitate Zoologicæ , II , p. 492.
   Dezember 1895 (Bunguran).

Typ. — Erwachsener Mann (Haut und Schädel) Nr. 104698 US National
Museum. Gesammelt auf Bunguran Island, North Natunas , 18. Juli 1900.
Originalnummer 574.

Figuren. — Äußerlich *Sciurus tenuis* ähnlich , jedoch etwas kleiner. Schädel sehr
viel kleiner und relativ breiter als bei den verwandten Arten.

Farbe. — Die Farbe entspricht genau der von *Sciurus tenuis* aus Singapur.

Schädel und Zähne. – Abgesehen davon, dass der Schädel von *Sciurus procerus* im Verhältnis zu seiner Länge insgesamt breiter zu sein scheint, ist er im Wesentlichen eine Miniatur des Schädels von *S. tenuis* , da die Gehirnschale nicht die für das Tier auf Borneo charakteristische Tendenz zu größerer Tiefe aufweist. Verhältnis der rostralen Tiefe zum Abstand zwischen der Mitte der interparietalen und dem unteren Rand der Bulla auditoris , 50. Dieses Verhältnis beträgt 49 bei *S. tenuis* .

Messungen. — Außenmaße des Typs: Gesamtlänge 235; Kopf und Körper 140; Schwanzwirbel 95 ; Hinterfuß 35 (33). Durchschnitt und Extreme von vier Exemplaren aus der Typuslokalität: Gesamtlänge 239,5 (235-247); Kopf und Körper 140; Schwanzwirbel 99,5 (95-107); Hinterfuß 35,2 (34-36,5); Hinterfuß ohne Krallen 32,9 (31,8-34).

Schädelmaße des Typs: größte Länge 34 (38); [17] Basallänge 28,6 (32); Basilarlänge 26 (29); Gaumenlänge 14,6 (16); Diastema: 7,6 (8,8); Länge der Nasenflügel 10,4 (11,4); größte Breite der Nasenflügel 4,8 (5,6); interorbitale Breite 12 (12,6); Jochbeinbreite 20,8 (21); größte Breite der Hirnschale 17 (17,6); kraniale Tiefe von der Mitte des Parietalbereichs bis zum unteren Rand der Bulla auditoris 14 (15); Mindesttiefe des Podiums 7 (7,2); Unterkiefer, 20 (21); Oberkieferzahn (Alveolen) 6 (7); Unterkieferzahn (Alveolen), 6 (7).

Exemplare untersucht. — Sechs, alle aus der Typlokalität.

Bemerkungen. — Diese Art unterscheidet sich von ihren Verwandten sofort durch ihren kleinen Schädel, der kaum größer ist als der von *Funambulus macclellandi* .

SCIURUS NATUNENSIS (Thomas).

1894. *Sciurus lowi* THOMAS und HARTERT , Novitate Zoologicæ , I , p. 659. September 1894 (Sirhassen).

1895. *Sciurus lowi natunensis* THOMAS , Novitate Zoologicæ , II , p. 26. Februar 1895 (Überarbeitete Bestimmung des Sirhassen- Exemplars).

1895. *? Sciurus lowi natunensis* THOMAS und HARTERT , Novitate Zoologicæ , II , p. 491. (Bunguran und Pulo Laut .)

Vier Exemplare von Sirhassen . Die durchschnittlichen und extremen Maße sind wie folgt: Gesamtlänge 222 (215–229); Kopf und Körper 135 (133-140); Schwanzwirbel 86 (82-89) ; Hinterfuß 33,6 (33-35); Hinterfuß ohne Klaue 31,5 (30,5-32).

SCIURUS LINGUNGENSIS sp. Nov.

1895. *? Sciurus lowi natunensis* THOMAS und HARTERT , Novitate Zoologicæ ,
II , p. 491. (Bunguran und Pulo Laut .)

Typ. — Erwachsener Mann (Haut und Schädel) Nr. 104693 US National
Museum. Gesammelt auf Pulo Lingung vor dem südlichen Ende von
Bunguran , Nord- Natuna- Inseln, 19. Juni 1900. Originalnummer 494.

Figuren. — Äußerlich ähnlich wie *Sciurus natunensis* (Thomas), aber etwas
größer (Hinterfuß mit Krallen 36 statt 33,6). Schädel größer als der von *S.*
natunensis , dem Gehör bullæ vorne viel breiter.

Farbe. — Die Farbe ist genau wie bei *Sciurus natunensis* und bedarf daher keiner
detaillierten Beschreibung.

Schädel. — Schädel größer als der von *Sciurus natunensis* (siehe Maße), aber in
der allgemeinen Form nicht anders. Das Auditive bullæ sind jedoch leicht
durch die viel stärkere Entwicklung des vorderen Innenlappens zu
unterscheiden. Bei *Sciurus natunensis* ist dieser Lappen so klein, dass er kaum
einen Teil der allgemeinen Kontur der Bulla bildet. Bei *S. lingungensis* ist er
nahezu gleich dem vorderen Außenlappen und verleiht zusammen mit ihm
der ventralen Seite der Bulla einen deutlich dreieckigen Umriss.

Messungen. — Außenmaße des Typs: Gesamtlänge 229; Kopf und Körper
140; Schwanzwirbel 89 ; Hinterfuß 36 (33,7); Ohr vom Gehörgang 12; Ohr
von Krone 7. Ein zweites Exemplar aus der Typuslokalität liefert genau die
gleichen Maße.

Schädelmaße des Typs: größte Länge 38 (36); [18] Grundlänge 33 (31);
Basilarlänge 30 (29); Gaumenlänge 17 (16); größte Länge der Nasenflügel 11
(10); größte Breite beider Nasenflügel zusammen 5 (5); interorbitale Breite
12 (11,4); Jochbeinbreite 22,4 (20); Mastoidbreite 17 (16,6); Tiefe der
Hirnschale am Vorderrand des Basi -Occipitals 13,6 (13); Unterkiefer 23 (22);
Oberkieferzahn (Alveolen) 6,4 (7); Unterkieferzahn (Alveolen) 7 (7).

Exemplare untersucht. — Zwei, beide aus der Typlokalität.

Bemerkungen. — Während *Sciurus lingungensis* kaum von *S. natunensis* allein
durch die äußeren Merkmale, die Größe des Schädels und die Form des
Gehörgangs zu unterscheiden ist Bullæ sind eindeutig diagnostisch. Beide
Natuna- Arten unterscheiden sich vom Borneo -*S. lowi* Thomas durch ihre
gut entwickelten Ohren und den kürzeren, breiteren rostralen Teil des
Schädels.

SCIURUS LUTESCENS sp. Nov.

1894. *Sciurus notatus* THOMAS und HARTERT , Novitate Zoologicæ , I , p. 659.
September 1894 (Teil, Exemplare von Sirhassen).

Typ. — Erwachsener Mann (Haut und Schädel) Nr. 104668 US National Museum. Gesammelt auf Sirhassen Island, South Natunas , 3. Juni 1900. Originalnummer 429.

Figuren. — Mit *Sciurus notatus* verwandt , aber erheblich kleiner als der Vertreter der Art auf Borneo. Farben sehr blass, die Unterseiten gelbbraun oder cremefarben (Ridgway, Taf. v, Nr. 13 und 11) unregelmäßig grau gefärbt.

Farbe. — Die gesamte Rückenfläche von Körper und Schwanz ist fein schwarz und cremefarben gesprenkelt, die einzelnen Haare sind schwarz mit zwei oder drei cremefarbenen Ringen. Am Schwanz ist das Grau weniger fein als am Rücken und zeigt eine leichte Tendenz, sich in undeutliche Querbänder aufzulösen. An den Seiten des Körpers und am Kopf wird die Creme zum Polieren aufgehellt. Wangen und Schnauze poliert, kaum ergraut. Die Füße sind etwas gelber als die Seiten, die Unterseite und die Innenfläche der Beine sind hellbraun, vorn und seitlich am blasssten (wo es in etwa dem Cremebraun von Ridgway entspricht) und entlang der Mittellinie am hellsten. Die Unterseite des Schwanzes ist matt ockerfarben, leicht schwarz ergraut. Der Bleistift unterscheidet sich nicht vom Rest des Schwanzes. Zwischen den Seiten- und Bauchfarben liegen die üblichen Längsstreifen. Die äußere davon beträgt ca. 5 mm. in der Breite und in der Farbe cremefarben. Das Innere ist etwa doppelt so breit und schwarz, wird jedoch durch eine dichte Ansammlung bläulich-grauer Haare stark verdeckt. Die äußere Oberfläche der Ohren ist farbgleich mit dem Hals, die innere Oberfläche ähnelt den Wangen. Die bläulich-grauen Haare an den Seiten des Bauches erstrecken sich unregelmäßig nach vorne bis zur Achselhöhle und zur Innenseite des Vorderbeins, gelegentlich auch bis zum Hals und Kinn.

Schädel. — Im Vergleich zur Borneo-Form von *Sciurus notatus ist* der Schädel von *S. lutescens* viel kleiner (größte Länge etwa 45 statt 50), das Rostrum ist relativ kürzer und breiter und das Gehör bullæ sind antero-posterior weniger verlängert. Zähne wie bei *Sciurus notatus* , nur dass sie einheitlich kleiner sind.

Messungen. — Außenmaße des Typs: Gesamtlänge 355; Kopf und Körper 177; Schwanzwirbel , 177 ; Hinterfuß 45 (41). Durchschnitt und Extreme von sechs Exemplaren aus der Typuslokalität: Gesamtlänge 356 (329-375); Kopf und Körper 186 (177-196); Schwanzwirbel 170 (152-178) ; Hinterfuß 43,8 (41-45); Hinterfuß ohne Krallen 40,7 (39-42).

Schädelabmessungen des Typs: größte Länge 45,4 (50,4) [19] ; Grundlänge 39 (43); Basilarlänge 36,4 (41); Gaumenlänge 20 (23); Gaumenbreite zwischen den mittleren Backenzähnen 6 (6); größte Länge der Nasenflügel 13 (14,8); größte Breite beider Nasenflügel zusammen 6,6 (7); interorbitale Breite 15,4 (17); Mastoidbreite 21 (21); Jochbeinbreite 26 (29); Tiefe der Hirnschale am vorderen Rand des Basi -Occipitals 16 (16,8); Unterkiefer 28 (30); Oberkieferzahn (Alveolen) 8 (9); Unterkieferzahn (Alveolen) 8 (9).

Exemplare untersucht. – Sieben (einer in Alkohol), alle aus der Typuslokalität.

Bemerkungen. —— Dieses Eichhörnchen ist unter den Mitgliedern der *S. notatus* -Gruppe an seinen hellen Farben und insbesondere an der Blässe der Unterseite zu erkennen. Im letztgenannten Merkmal wird es durch die Form angenähert, die Pulo bewohnt Laut , aber mit dieser Ausnahme ist sie einzigartig unter den Bauchbaucharten. Die sechs Exemplare weisen keine nennenswerte Variation auf.

SCIURUS SERAIÆ sp. Nov.

Typ. —— Erwachsener Mann (Haut und Schädel) Nr. 104660 US National Museum. Gesammelt auf Pulo Seraia , Süd -Natuna- Inseln, 29. Mai 1900. Originalnummer 415.

Figuren. —— Am ehesten verwandt mit dem kleinen, blassen *Sciurus lutescens* von der Insel Sirhassen , aber die oberen Teile sind etwas weniger blass und die unteren Teile und der blasse Seitenstreifen sind gelbbraun, ersterer ohne Beimischung von Grau.

Farbe. —— Obere Teile wie bei *Sciurus lutescens* , außer dass die hellen Bänder auf den Haaren eher gelbbraun als cremefarben sind. Schwanz im Wesentlichen wie bei *S. lutescens* , jedoch etwas weniger blass. Die Unterseite ist gelbbraun und verdunkelt sich unregelmäßig bis matt orangefarben. Dunkler Seitenstreifen breit und gut ausgeprägt.

Schädel. —— Der Schädel stimmt in Größe und Form stark mit dem von *Sciurus lutescens überein, obwohl er im Verhältnis zu seiner Länge vielleicht noch breiter ist.* Zähne wie bei *S. lutescens* .

Messungen. —— Außenmaße des Typs: Gesamtlänge 368; Kopf und Körper 197; Schwanzwirbel 171 ; Hinterfuß 44 (40). Durchschnitt und Extreme von vier Exemplaren aus der Typuslokalität: Gesamtlänge 347 (323-368); Kopf und Körper 184 (171-197); Schwanzwirbel 163 (152-171) ; Hinterfuß 43,7 (43-45); Hinterfuß ohne Krallen 40,1 (39,5-41).

Schädelmaße des Typs: größte Länge 45; Grundlänge 38,6; Basilarlänge 36; Jochbeinbreite 26,4; kleinste interorbitale Breite 17; Unterkiefer 28; Oberkieferzahn (Alveolen) 8,6; Unterkieferzahn (Alveolen) 8.6.

Exemplare untersucht. – Vier, alle aus der Typuslokalität.

Bemerkungen. —— Wie aufgrund der geographischen Lage der von ihm bewohnten Insel zu erwarten ist, unterscheidet sich *Sciurus seraiæ* vom Borneo -*S. notatus* in ähnlicher Weise wie der Sirhassen- Vertreter der Gruppe. Es ist leicht vom Sirhassen- Tier durch die unterschiedliche Farbe der Unterseite

zu unterscheiden. In der Farbe ähnelt *Sciurus seraiæ* stark *S. abbottii* von den
Tambelan -Inseln. Letzteres ist jedoch ein viel größeres Tier mit einem
längeren und relativ schmaleren Schädel.

SCIURUS RUTILIVENTRIS sp. Nov.

Typ. — Erwachsener Mann (Haut und Schädel) Nr. 104658 US National
Museum. Gesammelt auf Pulo Midei (Low Island), Süd -Natuna- Inseln, 24.
Mai 1900. Originalnummer 405.

Figuren. — Größe etwas größer als die von *Sciurus lutescens* und *S. seraiæ*, aber
nicht gleich der der Vertreter von *S. notatus auf Borneo oder* Bungura . Farbe
oben wie bei *S. seraiæ* . Unterteile leuchtend klar orange-rötlich.

Farbe. — Farbe genau wie bei *Sciurus seraiæ* , außer dass der blasse
Seitenstreifen leicht cremefarben ist und die unteren Teile leuchtend orange-
rötlich sind. Schwanz ohne Spur von rotem Überzug.

Schädel und Zähne. — Der Schädel und die Zähne sind etwas größer als bei
Sciurus lutescens und *S. seraiæ* , aber der Unterschied ist kaum spürbar.

Messungen. — Außenmaße des Typs: Gesamtlänge 368; Kopf und Körper
190; Schwanzwirbel 178 ; Hinterfuß 45 (41). Durchschnitt und Extreme von
sieben Exemplaren aus der Typuslokalität: Gesamtlänge 356 (330-368); Kopf
und Körper 186 (178-190); Schwanzwirbel 173 (165-184) ; Hinterfuß 45,5
(43-48); Hinterfuß ohne Krallen 42,2 (39,5-45).

Exemplare untersucht. – Sieben, alle aus der Typlokalität.

Bemerkungen. — Dieses Eichhörnchen ist unter den Natuna- Mitgliedern der
S. notatus -Gruppe wegen der leuchtenden Farbe seiner Unterseite
bemerkenswert. In dieser Hinsicht übertrifft es alle mir bekannten
verwandten Formen. Die rote Farbe ist jedoch streng auf den Körper
beschränkt und zeigt keine Tendenz, sich auf den Schwanz auszubreiten, wie
bei *S. miniatus* auf der malaiischen Halbinsel.

SCIURUS RUBIDIVENTRIS sp. Nov.

1894. *Sciurus notatus* THOMAS und HARTERT , Novitate Zoologicæ , I , p. 659.
    September 1894 (Teil, Exemplare aus Bunguran).

1895. *Sciurus notatus* THOMAS und HARTERT , Novitate Zoologicæ , II , p.
    491. Dezember 1895 (Teil, Exemplare aus Bunguran).

Typ. — Erwachsenes Weibchen (Haut und Schädel) Nr. 104671, US-
Nationalmuseum. Gesammelt auf Bunguran Island, North Natunas , 22. Juni
1900. Originalnummer 498.

Figuren. — Größe und allgemeines Erscheinungsbild sowohl oben als auch unten wie bei der Borneo-Form von *Sciurus notatus*, aber das Rot der unteren Teile ist heller und die Wangen und das Kinn sind deutlich weniger üppig als die umgebenden Teile. Schädel mit breiterer, tieferer Gehirnschale als beim Borneo-Tier.

Farbe. — Die Farbe ähnelt der des Borneo- *Sciurus notatus so sehr*, dass keine detaillierte Beschreibung erforderlich ist. An der Unterseite ockerfarben-rötlich, an der Kehle gelbbraun, überall heller und stärker rötlich gefärbt als beim Borneo-Tier. Bei letzteren erstreckt sich die Farbe der Unterseite bis zu den Lippen und durchdringt auch stark die Wangen und Seiten des Kopfes, die nur eine Nuance brauner sind als die Kehle und auffallend üppiger als die Oberseite des Kopfes und die Seiten des Halses. Bei *Sciurus rubidiventris* sind die Wangen und Lippen deutlich grau durchzogen, so dass sie einen deutlichen Kontrast zur Kehle , zur Oberseite des Kopfes und zu den Seiten des Halses bilden.

Schädel. — Der Schädel stimmt in seiner allgemeinen Größe mit dem des Borneo-Tieres überein und ist daher viel größer als bei den drei Arten aus den südlichen Natunas . Es zeichnet sich durch eine größere allgemeine Breite und durch die Tiefe der Hirnschale aus, die die von *S. notatus deutlich übertrifft* .

Messungen. — Außenmaße des Typs: Gesamtlänge 380; Kopf und Körper 209; Schwanzwirbel 171 ; Hinterfuß 49 (44,5). Durchschnitts- und Extremwerte von sieben Exemplaren aus der Typuslokalität: Gesamtlänge 378 (368-393); Kopf und Körper 208 (203-222); Schwanzwirbel 173 (165-184) ; Hinterfuß 49,3 (48-50); Hinterfuß ohne Krallen 45,7 (44,5-47).

Schädelmaße des Typs: größte Länge 52,4 (50,4); [20] Grundlänge 44 (43); Basilarlänge 41 (41); Gaumenlänge 23 (23); Gaumenbreite zwischen den mittleren Backenzähnen 6 (6); größte Länge der Nasenflügel 15 (14,8); größte Breite beider Nasenflügel zusammen 7,2 (7); interorbitale Breite 18,2 (17); Mastoidbreite 23 (21); Breite der Hirnschale über den Wurzeln der Jochbeine 24 (22); Jochbeinbreite 30,4 (29); Tiefe der Hirnschale am Vorderrand des Basi -Occipitals 17,8 (16,8); Unterkiefer 29 (30); Oberkieferzahn (Alveolen) 9 (9); Unterkieferzahn (Alveolen) 9 (9).

Exemplare untersucht. – Sieben, alle aus der Typlokalität.

Bemerkungen. – Sowohl in der Größe als auch in der allgemeinen Farbe ähnelt dieses Eichhörnchen eher dem Vertreter der Gruppe auf Borneo als einer der drei Formen aus den südlichen Natunas . Seine Beziehungen scheinen jedoch eher mit der Rasse zu bestehen, die die Insel Singapur bewohnt, als mit einem seiner nahen geografischen Verbündeten, mit Ausnahme von *Sciurus lautensis* .

SCIURUS LAUTENSIS sp. Nov.

1895. *Sciurus notatus* THOMAS und HARTERT , Novitate Zoologicæ , II , p. 491. Dezember 1895 (Teil, Exemplare aus Pulo Laut).

Typ. — Erwachsene Frau (Haut und Schädel) Nr. 104683 US National Museum. Gesammelt auf Pulo Laut , Nord- Natuna- Inseln, 6. August 1900. Originalnummer 612.

Figuren. — Größe etwas kleiner als die von *Sciurus rubidiventris* und auffällig blasse Farbe. Oberteile wie bei *S. lutescens* ; untere Teile fast wie bei *S. seraiæ* , aber etwas weniger matt; Der blasse Seitenstreifen ist viel weniger gelb als der Bauch. Schädel wie bei *Sciurus rubidiventris* .

Farbe. — Oberteile und Schwanz wie bei *Sciurus lutescens* . Wangen leicht mit Ochraceous-Buff gewaschen. Unterteile und Innenfläche der Beine hell ockerfarben (deutlich gelber als Ridgways Bild V, Nr. 10). Seitenstreifen wie bei *S. lutescens* (nicht deutlich gelblich wie bei *S. seraiæ*), aber schwarzes Band meist weniger grau gesprenkelt. Kaum eine Spur von Grau im Achselbereich oder an den Halsseiten.

Schädel. — Der Schädel ähnelt in jeder Hinsicht stark dem von *S. rubidiventris* , außer dass er etwas kleiner ist. Seine Größe und die entsprechend großen Zähne unterscheiden ihn deutlich von denen der Süd- Natuna -Arten.

Messungen. — Außenmaße des Typs: Gesamtlänge 375; Kopf und Körper 195; Schwanzwirbel 180 ; Hinterfuß 44 (41). Durchschnitt und Extreme von neun Exemplaren aus der Typuslokalität; Gesamtlänge 363 (355-379); Kopf und Körper 189 (171-196); Schwanzwirbel 170 (165-183) ; Hinterfuß 45 (44-46); Hinterfuß ohne Krallen 42 (41-43).

Exemplare untersucht. — Zehn (einer in Alkohol), alle aus der Typuslokalität.

Bemerkungen. — Obwohl *Sciurus lautensis* farblich auf zwei der kleinen Süd- Natuna- Eichhörnchen schließen lässt, ist es offensichtlich mit der dunkel gefärbten Bunguran- Form verwandt , mit der es in der Größe eher übereinstimmt.

SCIURUS NAVIGATOR (Bonhote).

1894. *Sciurus prevostii* THOMAS und HARTERT , Novitate Zoologicæ , I , p. 656. September 1894 (Sirhassen).

1901. *Sciurus prevostii Seefahrer* BONHOTE , Ann. und Mag. Nat. Hist., 7. Ser., VII , S. 171. Februar 1901 (Sirhassen).

Neun Exemplare, drei von der Insel Sirhassen und sechs von Pulo Subi .

Die aus Pulo Obwohl Subi farblich mit den Topotypen übereinstimmt, scheinen sie im Durchschnitt etwas kleiner zu sein, obwohl die Serie kaum umfangreich genug ist, um zu beweisen, dass dies konstant ist.

RATUFA SIRHASSENENSIS (Bonhote).

1894. *Sciurus bicolor albiceps* THOMAS und HARTERT , Novitate Zoologicæ , I , p. 659. September 1894 (Sirhassen).

1900. *Ratufa ephippium sirhassenensis* BONHOTE , Ann. und Mag. Nat. Hist., 7. Ser., V , S. 498. Juni 1900 (Sirhassen).

Zwei Exemplare, Sirhassen , 8. Juni 1900.

Obwohl diese Art mit *Ratufa ephippium verwandt* ist, mit dem sie im Farbschema übereinstimmt, unterscheidet sie sich deutlich durch ihre geringe Größe und kraniale Besonderheiten. Es ist in keiner Weise eng mit *Ratufa verbunden bunguranensis* und *R. nanogigas* .

Im Vergleich mit dem von *Ratufa ephippium sandakanensis* Bonhote unterscheidet sich der Schädel zusätzlich zu seiner geringen Größe (größte Länge 57 statt 65) durch die allgemeine Schmalheit, durch die relativ größere Breite der Nasenäste der Prämaxillarien und durch die Form des Gehörgangs bullæ . Wenn man den Schädel auf den Kopf hält und von hinten betrachtet, sieht man, dass die Bullen schmaler sind als beim Borneo-Tier und sich viel größer über die Oberfläche des Basi -Occipitals erheben.

RATUFA BUNGURANENSIS (Thomas und Hartert).

1894. *Sciurus bicolor bunguranensis* THOMAS und HARTERT , Novitate Zoologicæ , I , p. 658. September 1894 (Bunguran).

1895. *Sciurus bicolor bunguranensis* THOMAS und HARTERT , Novitate Zoologicæ , II , p. 491. Dezember 1895 (Bunguran).

1900. *Ratufa ephippium bunguranensis* BONHOTE , Ann. und Mag. Nat. Hist., 7. Ser., V , S. 497. Juni 1900.

Dreizehn Exemplare aus Bunguran , alle in unterschiedlichen Stadien des Übergangs vom gebleichten Winterfell zum Sommerfell. Bei letzteren gibt es einige Farbabweichungen, die hauptsächlich auf die mehr oder weniger ausgeprägte farblose Färbung zurückzuführen sind, die über dem Prouts - Braun oder „Schokoladenbraun" der oberen Teile liegt. Nicht nur, dass die Menge des Braunflecks bei verschiedenen Individuen unterschiedlich ausfällt, sondern er fällt bei jedem Exemplar auch deutlicher auf, wenn man das Tier von vorne betrachtet. Die triste Waschung hat den gleichen Charakter wie die in *Ratufa affinis* , wenn auch weniger auffällig.

Ratufa, gezeigt hat *bunguranensis ist eng mit* R. *pyrsonota* verwandt . Tatsächlich ist seine Verwandtschaft mit der siamesischen Art viel enger als mit der R. *ephippium* von Borneo. Zusammen mit R. *pyrsonota unterscheidet sich* das Bunguran -Rieseneichhörnchen deutlich von dem Borneos durch seinen schmalen Schädel und die verlängerten Gehörgänge bullæ , dunkle Füße, dunkle Mittellinie auf der Unterseite des Schwanzes und völlig brauner Rücken. Von R. *pyrsonota* ist es jedoch aufgrund seiner dunkleren, weniger ockerfarbenen Farbe sowohl oben als auch unten leicht zu trennen, die eintönig zurückgewaschen ist, und durch die viel weniger ausgeprägte Ringelung der Haare auf der Rückenfläche.

RATUFA NANOGIGAS (Thomas und Hartert).

1895. *Sciurus bicolor nanogigas* THOMAS und HARTERT , Novitate Zoologicæ , II , p. 491. Dezember 1895 (Pulo Laut).

1900. *Ratufa ephippium nanogigas* BONHOTE , Ann. und Mag. Nat. Hist., 7. Ser., V , S. 498. Juni 1900 (Pulo Laut).

Vier Exemplare, alle aus Pulo Laut , die Typlokalität.

Diese stark charakterisierte Zwergart ist mit *Ratufa verwandt pyrsonota* und R. *bunguranensis* , mit denen es im Farbschema übereinstimmt. Es ist in keiner Weise eng mit dem großen Borneaner R. *ephippium verwandt* .

RATUFA ANGUSTICEPS sp. Nov.

Typ. — Erwachsener Mann (Haut und Schädel) Nr. 104646 US National Museum. Gesammelt auf Pulo Lingung , vor der Südküste von Bunguran , 17. Juni 1900. Originalnummer 481.

Figuren. — Äußerlich wie *Ratufa anambæ* und R. *melanopepla* . Der Schädel ist in der Länge etwa gleich lang wie letzterer, aber deutlich schmaler.

Farbe. — Da die Farbe genau der von *Ratufa* entspricht *anambæ* und R. *melanopepla* bedarf keiner Beschreibung.

Schädel und Zähne. — Der Schädel ist sofort an seiner allgemeinen Enge zu erkennen, besonders aber im Bereich der vorderen Jochbeinwurzeln. Das Verhältnis der Tränenbreite zur größten Länge beträgt 39. Bei den anderen Schwarzrückenarten beträgt es etwa 42. Audital bullæ schmaler und länglicher als bei R. *melanopepla* und höher über dem Niveau des Basi - Occipitals (wenn der Schädel auf dem Kopf gehalten wird). Seitliche Fortsätze des Basi -Occipitals veraltet.

Zähne wie bei den verwandten Arten.

Messungen. — Außenmaße des Typs: Gesamtlänge 748; Kopf und Körper 342; Schwanzwirbel 406 ; Hinterfuß 79 (74).

Schädelmaße des Typs: größte Länge 48,6 (70); [21] Grundlänge 57 (59); Basilarlänge 52 (53); Diastema 15,6 (16); Länge der Nasenflügel 22 (23,4); Breite der Nasenflügel vorne 12 (13); Breite der Nasenflügel hinten 6 (7); interorbitale Breite 27 (28); Tränenweite 28,4 (31); Breite zwischen den Spitzen der Postorbitalfortsätze 38 (41); Jochbeinbreite 41 (44); Mastoidbreite 31 (32,6); Unterkiefer 40 (41,6); Oberkieferzahn (Alveolen) 14 (14); Unterkieferzahn (Alveolen) 14,6 (14,4).

Exemplare untersucht. – Erstens, der Typ.

Bemerkungen. — Während dieses Eichhörnchen den anderen Schwarzrückenarten mit offenen Ohren genau ähnelt, was die äußeren Merkmale betrifft, scheint es hinsichtlich der kranialen Besonderheiten gut differenziert zu sein. Von den Natunas wurde bisher kein *Ratufa mit schwarzem Rücken registriert* .

RHINOSCIURUS sp.

Sirhassen ein unreifes Langnasen-Eichhörnchen gefangen. Mangels Vergleichsmaterial kann ich die Art nicht bestimmen. Die Gattung ist neu auf den Inseln.

ARCTOGALIDIA INORNATA sp. Nov.

Typ. — Erwachsener [22] Mann (Haut und Schädel) Nr. 104859 US National Museum. Gesammelt auf Bunguran Island, North Natunas , 23. Juni 1900. Originalnummer 502.

Figuren. — Viel kleiner als *Arctogalidia leucotis* von der Malaiischen Halbinsel oder *A. stigmatica* von Borneo (größte Schädellänge etwa 100 statt 115) und in der Farbe blasser als beide, die dunklen Rückenstreifen sind bei Erwachsenen veraltet.

Farbe. — Allgemeine Farbe des Rückens und der Seiten: helles silbriges Grau, unregelmäßig durchzogen von Leder und leicht abgedunkelt durch schwärzliche Haarspitzen und durch das Aussehen der haarbraunen Felloberfläche auf der Felloberfläche. Die Buff-Suffusion ist auf dem Rücken am wenigsten auffällig, an den Seiten und Flanken etwas deutlicher und am deutlichsten an den Seiten des Halses, wo sie normalerweise fast zu Buff-Gelb aufhellt und einen deutlichen Kontrast zu den umgebenden Teilen bildet. In der Mitte des Rückens befindet sich eine Spur des mittleren dunklen Streifens der drei, die normalerweise bei Mitgliedern dieser Gattung vorhanden sind. Kopf im Wesentlichen wie der Rücken, jedoch etwas grauer . Schnauze und schlecht ausgeprägter Augenring sind schwärzlich. Wangen und kurzer Mittelstreifen auf der Stirn sind mattweißgrau. Die Unterseite

ähnelt im Wesentlichen der Rückseite, der Buff-Farbton ist jedoch diffuser.
Füße und Ohren dunkelbraun. Der Schwanz ähnelt dem Rücken, wird aber
ab der Mitte gleichmäßig braun.

Neugeborene Jungtiere haben eine klare bläuliche Graufärbung mit kaum
einem Hauch von Gelbbraun. Die drei schwarzen Rückenstreifen sind klar
definiert und haben eine normale Ausdehnung.

Schädel. — Zusätzlich zu seiner geringeren Größe unterscheidet sich der
Schädel von dem der Borneo- *Arctogalidia Stigmatica* in der relativ größeren
Hirnschale und weniger ausgeprägtes Auditivum bullæ . Die Gehirnschale ist
fast so breit wie bei den Borneo-Arten, die Jochbeinbreite ist jedoch deutlich
geringer. Audital Wenn der Schädel auf den Kopf gestellt und von hinten
betrachtet wird, ragen die Bullen weniger über das Niveau des
Hinterhauptsbeins hinaus. Obwohl sich der Sagittalkamm bei sehr alten
Individuen normal entwickelt, fehlt er in einem Alter, in dem er bei größeren
Arten gut ausgewachsen ist. In *Arctogalidien leucotis* und *A. stigmatica* , selbst
bei Tieren, die so jung sind, dass die Zähne noch nicht abgenutzt sind und
alle Nähte des Rostrums deutlich sichtbar sind, ist der Sagittalkamm ein
messerartiger Grat, der sich vom Proencephalon bis zur Lambdoidnaht
erstreckt und bis zu einer Höhe von etwa 4 cm ansteigt mm. über der Mitte
der Hirnschale. Bei viel älteren Individuen von *A. inornata* mit abgenutzten
Zähnen und fast zerstörten rostralen Nähten wird der Kamm durch einen
niedrigen Grat von etwa 5 mm dargestellt. Breit über der Mitte der
Hirnschale und flach oder gerillt oben. In diesem Stadium erhebt es sich sehr
unauffällig über das Niveau der angrenzenden Oberfläche, von der es sich
eher durch die Textur des Knochens als durch die tatsächliche Form
unterscheidet.

Zähne. — Die Zähne sind einheitlich viel kleiner als bei *Arctogalidia leucotis* und
A. stigmatica , aber ich kann keine wesentlichen Unterschiede in der Form
feststellen.

Messungen. — Außenmaße des Typs: Gesamtlänge 1027; Kopf und Körper
469; Schwanzwirbel 558 ; Hinterfuß 78 (73.) Außenmaße einer erwachsenen
Frau: Gesamtlänge 911; Kopf und Körper 431; Schwanzwirbel 480 ;
Hinterfuß 77 (72).

Schädelmaße des Typs: größte Länge 102 (115); [23] Grundlänge 96 (106);
Basilarlänge 92 (103); mittlere Gaumenlänge 53 (60); Gaumenbreite
zwischen den vorderen Molaren 13 (15,4); Jochbeinbreite 55 (60); Breite
zwischen den Spitzen der Postorbitalfortsätze 41 (39); Einengung vor
postorbitalen Fortsätzen 19 (18); Einschnürung hinter den
Postorbitalfortsätzen 13 (12); Breite der Hirnschale über den Wurzeln der
Jochbeine 32 (33); Mastoidbreite 36 (38); Unterkiefer 76 (86);
Oberkieferzähne (ohne Schneidezähne) 34 [24] (41); Unterkieferzahn (ohne

Schneidezähne) 39 (44); Krone des ersten oberen Molaren 5,4 × 5 (5,4 × 5,6); Krone des zweiten oberen Molaren 4 × 5 (5,4 × 6,4); Krone des zweiten unteren Molaren 7 × 4,2 (8,4 × 5,4).

Exemplare untersucht. — Sieben (zwei Junge in Alkohol und ein Schädel ohne Haut), alle aus der Typuslokalität.

Bemerkungen. — *Arctogalidien inornata* unterscheidet sich so sehr von den zuvor beschriebenen Arten, dass keine besonderen Vergleiche erforderlich sind. Sie kommt häufig auf Bunguran vor , wo sie häufig an Kokosnussbäumen vorkommt und zum größten Teil in den Wipfeln zwischen den Blattstielen lebt.

VIVERRA TANGALUNGA Grau.

1895. *Viverra Tangalunga* THOMAS und HARTERT , Novitate Zoologicæ , II , p. 490. Dezember 1895 (Bunguran).

Neun Exemplare aus Bunguran . Diese stimmen in jeder Hinsicht mit dem Tier der Borneoer überein.

TUPAIA SPLENDIDULA Grau.

1894. *Tupaia splendidula* THOMAS und HARTERT , Novitate Zoologicæ , I , p. 656. September 1894 (Bunguran).

1893. *Tupaia splendidula typica* THOMAS und HARTERT , Novitate Zoologicæ , II , p. 489. Dezember 1895 (Bunguran).

Zwei Exemplare aus Bunguran .

TUPAIA LUCIDA (Thomas und Hartert).

1895. *Tupaia splendidula lucida* THOMAS und HARTERT , Novitate Zoologicæ , II , p. 490. Dezember 1895 (Pulo Laut).

Sieben Exemplare (zwei in Alkohol) aus Pulo Laut .

TUPAIA SIRHASSENENSIS sp. Nov.

1894. *Tupaia tana* THOMAS und HARTERT , Novitate Zoologicæ , I , p. 657. September 1894 (Sirhassen).

Typ. — Erwachsener Mann (Haut und Schädel) Nr. 104712, US-Nationalmuseum. Gesammelt auf Sirhassen Island, South Natunas , 5. Juni 1900. Originalnummer 442.

Figuren. — Im Allgemeinen ähnlich den Exemplaren von *Tupaia tana* auf Borneo, aber kleiner (Hinterfuß 47 statt 52, größte Länge des Schädels 55 statt 60), graue Abzeichen auf Kopf und Schultern weniger deutlich und das

Rot des Schwanzes heller. Der rostrale Teil des Schädels ist weniger abgeschwächt als bei *Tupaia tana* .

Farbe. — Die Farbe ähnelt so genau der des gewöhnlichen Borneo- *Tupaia tana* , dass keine detaillierte Beschreibung erforderlich ist. Das Grau des Kopfes ist dunkler als beim Borneo-Tier und die hellen Schulterzeichnungen sind weniger deutlich und scharf abgegrenzt. Die Unterseite des Schwanzes ist hellorange-rötlich und wird zum Rand hin dunkler bis eisenhaltig. (Bei *T. tana* werden diese Farben durch stumpfes Eisen bzw. Haselnuss ersetzt.)

Schädel und Zähne. — Der Schädel ist durchweg viel kleiner als bei Exemplaren von *Tupaia tana* aus Borneo. In der Form unterscheidet es sich von der von *T. tana* durch ein weniger schlankes und längliches Rostrum, eine schmalere Gehirnschale und ein etwas kürzeres Gehör bullæ . Suborbitaler Hohlraum viel breiter als bei *T. tana* . Zähne wie beim Borneo-Tier.

Messungen. — Außenmaße des Typs: Gesamtlänge 355; Kopf und Körper 203; Schwanzwirbel 152 ; Hinterfuß 46,4 (44). Durchschnitt und Extreme von vier Erwachsenen aus der Typuslokalität: Gesamtlänge 367 (365-371); Kopf und Körper 203; Schwanzwirbel 163 (162-168) ; Hinterfuß 45,4 (44-46,6); Hinterfuß ohne Krallen 42,5 (41-44).

Schädelmaße des Typs: größte Länge 54,6 (61); [25] Grundlänge 49 (54); Basilarlänge 46,4 (51); mittlere Gaumenlänge 48 (53); Abstand von der Tränenkerbe bis zur Spitze der Prämaxillare 27,6 (31); kleinste interorbitale Breite 14,4 (16); Jochbeinbreite 25 (28,4); Unterkiefer 38 (41); Oberkieferzahn (hinter Diastema) 20 (21,4); Unterkieferzahn (hinter dem Diastema) 17 (18).

Exemplare untersucht. – Fünf, alle aus der Typlokalität.

GALEOPITHECUS VOLANS (Linnæus).

1894. *Galeopithecus Volans* THOMAS und HARTERT , Novitate Zoologicæ , I , p. 657. September 1894 (Bunguran und Sirhassen).

Zwei Exemplare aus Sirhassen und zwei (ein junges Exemplar in Alkohol) aus Bunguran . Auch Fötus eines der Sirhassen- Exemplare.

EMBALLONURA ANAMBENSIS Miller.

Vier Exemplare aus Bunguran . Diese stimmen im Wesentlichen mit dem Anamba- Tier überein, weisen jedoch einige leichte kraniale Besonderheiten auf.

PIPISTRELLUS SUBULIDENS sp. Nov.

Typ. – Erwachsene Frau (in Alkohol) Nr. 104758 US National Museum. Gesammelt auf Sirhassen Island, South Natunas , 3. Juni 1900.

Figuren. — Ähnlich wie *Pipistrellus pipistrellus* (Schreber) in Größe, Farbe und äußerer Form, aber Schädel mit breiterem Rostrum und innerem oberen Schneidezahn ohne zusätzlichen Höcker.

Schädel. — Der Schädel hat die gleiche Größe wie der von *Pipistrellus pipistrellus* , aber die Hirnschale ist schmaler und länglicher und das Rostrum ist deutlich kürzer und breiter. Die große Breite des vorderen Teils des Schädels betrifft auch den Gaumen und den Interpterygoidraum , die beide deutlich breiter sind als bei *Pipistrellus pipistrellus* . Audital bullæ etwas kleiner als bei den europäischen Arten.

Zähne. — Die Zähne sind im Wesentlichen wie bei *Pipistrellus pipistrellus* , mit der Ausnahme, dass dem inneren oberen Schneidezahn der kleine zusätzliche Höcker fehlt. Unterkieferzähne breiter als die von *P. pipistrellus* .

Messungen. — Außenmaße des Typs: Gesamtlänge 76; Kopf und Körper 41; Schwanz 33; Tibia 14; Fuß 6; Kalkar 10; Unterarm 32,4; Daumen 6; zweite Ziffer 30; dritte Ziffer 60; vierte Ziffer 53; fünfte Ziffer 43; Ohr vom Gehörgang 11; Ohr von Krone 9; Breite des Ohrs 9,6; Tragus (vorne gemessen) 4.

Schädelmaße des Typs: größte Länge 12,4 (12); [26] Basallänge 11,8 (11,6); Basilarlänge 9 (9); Jochbeinbreite 8,4 (8); kleinste interorbitale Breite 3,2 (3,2); größte Länge der Hirnschale 8 (7,6); größte Breite der Hirnschale über den Wurzeln der Jochbeine 6,6 (6,6); Unterkiefer 8,8 (8,4); Oberkieferzahn (ohne Schneidezähne) 4,2 (4,2); Unterkieferzahn (ohne Schneidezähne) 4,8 (4,8).

Exemplare untersucht. — Sechs (in Alkohol), alle aus der Typlokalität.

Bemerkungen. — Ich kann diese Fledermaus keiner der beschriebenen Arten zuordnen. Äußerlich ist es praktisch identisch mit *Pipistrellus pipistrellus* , außer dass die Farbe, soweit sich dies anhand der in Alkohol konservierten Exemplare beurteilen lässt, eher schwärzlich ist. Im Inneren ist es leicht an den Merkmalen des Schädels und der Zähne zu erkennen. Von *Pipistrellus abramus* unterscheidet er sich äußerlich durch eine geringere Größe, schmalere Ohren und das Fehlen einer ungewöhnlichen Entwicklung des Penis. Die Schneidezähne unterscheiden sich von denen von *P. abramus* in gleicher Weise wie von denen von *P. pipistrellus* .

HIPPOSIDEROS LARVATUS (Horsfield).

Sirhassen gesammelt .

RHINOLOPHUS AFFINIS (Horsfield).

Ein stark beschädigtes Exemplar aus Bunguran scheint auf den typischen *Rhinolophus affinis* zurückzuführen zu sein . Der Unterarm kann nicht gemessen werden, aber der Mittelfinger misst 75 mm. in der Länge. Schienbein 21, Fuß 10,4 , Ohr vom Gehörgang 21. Leiste an der Schnauze unter dem Rand des Nasenblatts niedrig, breit und behaart, was nicht im Geringsten auf ein Zusatzblatt hindeutet.

RHINOLOPHUS SPADIX sp. Nov.

1894. *Rhinolophus affinis* THOMAS und HARTERT , Novitate Zoologicæ , II , p. 656. Dezember 1895 (Sirhassen).

Typ. – Erwachsene Frau (in Alkohol) Nr. 104752 US National Museum. Gesammelt auf Sirhassen Island, South Natunas , Juni 1900.

Figuren. — Im Allgemeinen wie *Rhinolophus affinis* , aber viel kleiner. Farbe gleichmäßig gelbbraun. Schnauze mit deutlichen Zusatzblättchen.

Schnauze. — Schnauze und Nasenblatt genau wie bei *Rhinolophus affinis* , mit der Ausnahme, dass sich der Grat an der Schnauze unter dem Rand des Hufeisens zu einem ausgeprägten Zusatzblatt entwickelt, das denen von *Hipposideros ähnelt* . In dieser Hinsicht ähnelt *Rhinolophus spadix dem* von Thomas als *Rhinolophus rouxii bezeichneten Tier aus* Burmah ; [27] aber der aufrechte Endteil des Nasenblattes ist weder verkürzt noch in irgendeiner Weise eigenartig geformt.

Ohren. — Die Ohren ähneln denen von *Rhinolophus affinis* , sind jedoch nicht so groß.

Farbe. — Das Fell ist überall rotbraun, auf der Bauchseite etwas blasser, auf der Oberseite dunkler und etwas haselnussbraun gefärbt. Ohren und Membranen dunkelbraun.

Schädel und Zähne. — Der Schädel und die Zähne ähneln genau denen von Festlandexemplaren von *Rhinolophus affinis* , abgesehen von ihrer einheitlich geringeren Größe.

Messungen. – Außenmaße des Typs: Gesamtlänge 70 (85 [28]); Schwanz 21 (23); Schienbein 17,6 (24); Fuß 8 (10); Kalkar 12 (13); Unterarm 43 (51); Daumen 8 (8,6); zweite Ziffer 32 (40); dritte Ziffer 64 (77); vierte Ziffer 53 (61); fünfte Ziffer 54 (63); Ohr vom Gehörgang 17 (20); Ohr vom Scheitel 14 (17); Länge des Nasenflügels von der Lippe 13 (16); größte Breite des Nasenflügels 8 (9).

Schädelmaße des Typs: größte Länge 18 (23); Grundlänge 16 (20,4); Basilarlänge 14,6 (18); Jochbeinbreite 9 (11); kleinste interorbitale Breite 2,4 (2,4); größte Länge der Hirnschale 10,4 (13); größte Breite der Hirnschale über den Wurzeln der Jochbeine 8 (9,4); frontopalatale Tiefe (in der Mitte der Molarenreihe) 4 (4,8); Tiefe der Hirnschale 6 (7); Unterkiefer 11,8 (15); Oberkieferzahn (ohne Schneidezahn) 6,8 (9); Unterkieferzahn (ohne Schneidezähne) 7 (9,8).

Exemplare untersucht. — Drei (eine Haut), alle aus der Typuslokalität.

Bemerkungen. — *Rhinolophus spadix* lässt sich so leicht von seinen Verwandten der *R. affinis*- Gruppe unterscheiden, dass es keiner besonderen Vergleiche bedarf. Es ist ein viel kleineres Tier als die Art aus den Anambas , die ich kürzlich als *R. rouxii bezeichnet habe* . [29] In der Farbe ist Letzteres mattbraun und ähnelt nicht im Geringsten dem Rostbraun von *R. spadix* .

CYNOPTERUS MONTANOI Robin.

1894. *Cynopterus marginatus* THOMAS und HARTERT , Novitate Zoologicæ , I , p. 655. September 1894 (Sirhassen und Bunguran).

1899. *Cynopterus montanoi* MATSCHIE , Die Fledermäuse des Berliner Museums für Naturkunde , S. 75. August 1899. (Natuna- Aufzeichnung von *C. marginatus in Synonymie von C. montanoi* gestellt .)

Fünf Exemplare (drei Felle) von Sirhassen . Diese stimmen so gut mit einer Haut und zwei gebleichten alkoholischen Exemplaren aus Singapur überein, bei denen es sich meiner Meinung nach um die gleichen handelt wie beim malakkischen *Cynopterus montanoi , dass es ohne weiteres Material unmöglich ist, das* Natuna- Tier von dem am südlichen Ende der malaiischen Halbinsel zu unterscheiden . *Cynopterus montanoi,* wie es so verstanden wird, unterscheidet sich von *C. angulatus* Miller [30] aus Unter-Siam durch seinen schlankeren Schädel und durch das Fehlen des weißen Ohrrandes und von *C. titthæcheilus* (Temminck) aus Sumatra und Java durch seine auffällig kleinere Größe .

PTEROPUS VAMPYRUS (Linnæus).

1894. *Pteropus Vampir* THOMAS und HARTERT , Novitate Zoologicæ , I , p. 655. September 1894 (Bunguran).

1895. *Pteropus Vampir* THOMAS und HARTERT , Novitate Zoologicæ , II , p. 489. Dezember 1895 (Bunguran).

Sechs Felle von Bunguran .

? PTEROPUS HYPOMELANUS Temminck .

1894. *Pteropus Hypomelanus* THOMAS und HARTERT , Novitate Zoologicæ , I , p. 655. September 1894 (Sirhassen).

1895. *Pteropus Hypomelanus* THOMAS und HARTERT , Novitate Zoologicæ , II , p. 489. Dezember 1895 (Pulo Pandak , Pulo Panjang und Pulo Laut).

Acht (einer in Alkohol) von Sirhassen und sieben (einer in Alkohol) von Pulo Laut . Es ist sehr wahrscheinlich, dass es sich bei diesen Exemplaren um eine vom echten *Pteropus verschiedene Art handelt Hypomelanus* von Ternate.

NYCTICEBUS TARDIGRADUS (Linnæus).

1894. *Nycticebus Tardigradus* THOMAS und HARTERT , Novitate Zoologicæ , I , p. 655. September 1894 (Bunguran).

1895. *Nycticebus Tardigradus* THOMAS und HARTERT , Novitate Zoologicæ , II , p. 489 (Bunguran).

Ein Exemplar aus Bunguran .

MACACUS 'CYNOMOLGUS' Aukt .

1894. *Macacus cynomolgus* THOMAS und HARTERT , Novitate Zoologicæ , I , p. 654. September 1894 (Bunguran).

1895. *Macacus cynomolgus* THOMAS und HARTERT , Novitate Zoologicæ , II , p. 489. Dezember 1895 (Bunguran).

Ein Exemplar von jeder der folgenden Inseln: Sirhassen , Pulo Lingung und Pulo Laut .

SEMNOPITHECUS CRISTATUS (Gewinnspiele).

Zwei Affen aus Sirhassen scheinen dieser Art zugeordnet zu werden .

SEMNOPITHECUS NATUNÆ Thomas und Hartert .

1894. *Semnopithecus natunæ* THOMAS und HARTERT , Novitate Zoologicæ , I , p. 652. September 1894 (Bunguran).

1895. *Semnopithecus natunæ* THOMAS und HARTERT , Novitate Zoologicæ , II , p. 489. (Bunguran .)

Zehn Exemplare aus Bunguran .

FUSSNOTEN

[1] Zur Lage der Natuna- Inseln siehe Proc. Washington Acad. Sci., II , p. 204. 20. August 1900.

[2] Thomas (O.) und Hartert (E.). Liste der ersten Säugetiersammlung der Natuna- Inseln. Novizen Zoologicæ , I , S. 652–660. September 1894.

Thomas (O.). Überarbeitete Bestimmungen von drei der Natuna- Nagetiere. Novizen Zoologicæ , II , S. 26–28. Februar 1895.

Thomas (O.) und Hartert (E.). Über eine zweite Sammlung von Säugetieren der Natuna- Inseln. Novizen Zoologicæ , II , S. 489–492. Dezember 1895.

Bonhote (J. Lewis). Auf den Eichhörnchen der zweifarbigen Gruppe Ratufa (Sciurus). Ann. und Mag. Nat. Hist., 7. Folge, V , S. 490-499. Juni 1900.

Thomas (O.). Das rote Flughörnchen der Natuna- Inseln. Novizen Zoologicæ , VII , p. 592. 8. Dezember 1900.

Bonhote (J. Lewis). Über die Eichhörnchen der Sciurus Prevostii -Gruppe. Ann. und Mag. Nat. Hist., 7. Folge, VII , S. 167-177. Februar 1901.

[3] Grays „Bekanntmachung einer Art von Tupaia aus Borneo in der Sammlung des British Museum" in den Proceedings of the Zoological Society of London für 1865 (S. 322) kann der Bibliographie der Natuna-Säugetiere hinzugefügt werden , da Obwohl das beschriebene Tier vermutlich auf Borneo gefangen wurde, ist es offenbar auf die Bunguran- Insel, die größte der Natuna-Inseln, beschränkt .

[4] *Megaderma Spasma* , *Myotis muricola* , *Taphozous Melanopogon* , *Mydaus Meliceps* , *Paradoxurus hermaphroditus* , *Lutra sumatrana* und *Mus ephippium* .

[5] Siehe bereits zitierte Aufsätze, auch Novitate Zoologicæ , I , p. 468 (Brief von Herrn Everett); *ebenda.* , ICH , S. 483 (Anmerkung zu Landgranaten von Herrn E. Smith), *ebenda.* , II , S. 478 (Vögel); *ebenda.* , II , S. 499 (Reptilien).

[6] Sitz.- Berich . der Gesellsch . Naturforschender Freunde zu Berlin, 1893, S. 224.

[7] Für die Möglichkeit, den Schädel eines erwachsenen Mannes aus Balabac zu untersuchen , danke ich Herrn DG Elliot mit freundlicher Genehmigung. Ein Foto (leicht verkleinert) dieses Exemplars wurde 1896 von Mr. Elliot veröffentlicht (Field Columbian Museum, Publikation II , Zoological Series, I , Nr. 3, Taf. XI , Mai 1896).

[8] Die Maße in Klammern beziehen sich auf einen erwachsenen männlichen Topotyp von *Tragulus nigricans* .

[9] Die Maße in Klammern beziehen sich auf ein weniger reifes Exemplar aus Bunguran .

[10] Die Maße in Klammern beziehen sich auf ein Tenasserim-Exemplar (weiblich) von *Sus cristatus* , das so jung ist, dass der hintere Backenzahn noch nicht vollständig an Ort und Stelle ist.

[11] Letzter Backenzahn nicht vollständig ausgewachsen.

[12] Siehe Proc. Biol. Soc. Washington, XIII , pl. III und IV .

[13] Sammlermessung.

[14] Die Maße in Klammern beziehen sich auf die Art des *Mus validus* .

[15] Bei der Art *Mus mülleri* beträgt das Diastema 12 mm.

[16] Ann. und Mag. Nat. Hist., 6. Folge, XIV , S. 450. Dezember 1894.

[17] Die Maße in Klammern beziehen sich auf einen erwachsenen männlichen Topotyp von *Sciurus tenuis* .

[18] Die Maße in Klammern beziehen sich auf ein älteres Exemplar von *Sciurus natunensis* aus Sirhassen .

[19] Die Maße in Klammern beziehen sich auf einen erwachsenen *Sciurus notatus* aus Borneo.

[20] Die Maße in Klammern beziehen sich auf einen erwachsenen Borneo-*Sciurus notatus* .

[21] Die Maße in Klammern beziehen sich auf den *Ratufa- Typ Melanopepla* .

[22] Zähne stark abgenutzt und viele davon fehlen.

[23] Die Messungen in Klammern beziehen sich auf eine junge erwachsene *A. stigmatica* aus dem britischen Nord-Borneo.

[24] Die Zahnmessungen stammen von einem jüngeren Exemplar (männlich) mit perfektem Gebiss.

[25] Die Maße in Klammern beziehen sich auf einen erwachsenen männlichen Borneaner *Tupaia tana* .

[26] Die Maße in Klammern beziehen sich auf einen erwachsenen Schädel von *Pipistrellus pipistrellus* aus der Schweiz.

[27] Ann. Mus. Zivil. di Storia Nat. di Genova, Ser. 2, X , S. 923, Taf. XI , 1892.

[28] Die Maße in Klammern beziehen sich auf ein erwachsenes Weibchen von *Rhinolophus affinis* aus Trong , Nieder-Siam.

[29] Proc. Washington Acad. Sci., II , p. 234. 20. August 1900.

[30] Proz. Acad. Nat. Wissenschaft. Philadelphia, 1898, p. 316. Juli 1898.